现代农业产业技术体系北京市果类蔬菜创新团队支持

日光温室越冬茬黄瓜高产高效栽培技术

图解

王铁臣 主编

U0256215

中国农业出版社
北京

编者名单

主　　编：王铁臣

副 主 编：杜会军　张　猛　徐　进（笔画顺序）

参编人员：（笔画顺序）

　　　　　王　帅　　王广世　　王艳芳

　　　　　朱青艳　　刘　民　　齐　艳

　　　　　齐长红　　李新旭　　张宝杰

　　　　　陈加和　　陈明远　　赵　鹤

　　　　　赵景文　　祝　宁　　康　勇

　　　　　彭杏敏　　韩立红　　雷喜红

　　　　　蔡连卫

黄瓜是人们喜食的重要蔬菜品种，在北京郊区普遍种植，常年播种面积3 350余公顷，年产23余万吨，在居民生活和农业生产中占据重要的地位。为了达到设施黄瓜高产、优质和安全生产的目标，不仅需要科学技术的有力支撑、生产者的辛勤培育，同时还要有科技推广工作者的聪明才智将其紧密结合，才能发挥出最大的正能量，获得更大的成果。为此，北京市农业技术推广站为了提高设施蔬菜的生产技术水平，促进全市设施蔬菜产业的健康发展，于2007年起，围绕春大棚、秋大棚和冬季日光温室，开展了黄瓜高产高效的创建工作，9年来在全市建立了多个高产高效示范点，组织了各种形式的现场观摩和技术培训活动，聘请了专家顾问团指导工作，并派遣技术人员，长期在重点单位蹲点，开展相应的试验、示范和对生产技术能手的经验总结工作，从而创造出一个又一个新的纪录，对提高全市的设施蔬菜技术水平起到了积极的推动作用。

为了促进技术的推广应用，在前人工作的基础上，笔者结合自身多年的工作实践，编写了《日光温室越冬茬黄瓜高产高效栽培技术图解》。本书以北京地区高产案例为切入点，以图文并茂的形式，言简意赅地介绍了黄瓜日光温室越冬茬高产栽培的关键技术，包括黄瓜的植物学生物学特性、对栽培环境的要求、设施温光调控技术、优新品种推荐、具体栽培技术和病虫害防治等。

该书通俗易懂，形象直观，突出实用性和可操作性，适于蔬菜生产技术人员、广大菜农和有关农业院校师生阅读参考。

本书在编撰过程中得到了北京市果类蔬菜产业创新团队的相关支持，特此鸣谢。

编　者

2016年5月

CONTENTS 目 录

1

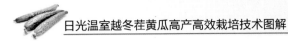

第一部分
越冬栽培收益高，实例证明效果好

一、若想高产又赚钱，选对茬口很关键

长江以北地区，黄瓜的日光温室越冬茬生产，产品上市期集中在12月下旬至翌年6月底，其中4月中旬以前是价格的高峰期，占到上市时间的50％以上。以北京市为例，2009—2013年连续5年间，11月中旬至4月上旬黄瓜平均价格为4.45元/kg，是年平均价格3.27元/kg的1.36倍。同时，由于黄瓜日光温室越冬茬生产的采收期长、产量高，所以，进行黄瓜的日光温室越

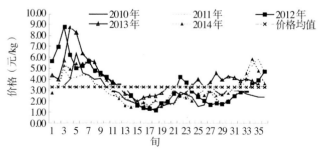

图1　2010—2014年北京地区黄瓜平均价格走势
（数据来源：北京新发地农产品交易网）

冬茬生产可以获得更好的产量和收益。

二、产量效益获双赢，举些实例来说明

姓名：李德成

地址：北京市密云县十里堡镇水泉村

生产简介：2009—2010年度北京市日光温室越冬黄瓜高产冠军，他在生产中综合应用了高产品种中荷8号种植技术，以及嫁接、秸秆反应堆、温室增温保温、二氧化碳施肥等技术，达到了高产高效的目的。

为了使产品能够供应元旦、春节市场，抓住4月上旬以前的价格高峰期，他在该年度的日光温室越冬黄瓜生产中，于2009年10月17日播种，11月18日定

图2　北京市密云县十里堡镇水泉村种植户李德成

植，亩①栽培密度3 500株，12月23日开始采收，翌年的7月20日拉秧，株高11.9 m、节间数121节，单株结瓜56条。亩产达到26 654 kg，他的产品通过合作社进入超市销售，取得了较好的效益，亩总产值10.7万元，平均销售单价4.01元/kg，亩投入1.1万元，亩纯收益9.6万元。

姓名：武长信

地址：北京市大兴区榆垡镇石佛寺村

生产简介：2010—2011年度北京市日光温室越冬黄瓜高产冠军，他综合应用了高产品种中农26号种植技术，以及脱蜡粉砧木、双砧木嫁接、平衡追肥、膜下暗灌、冬季增温保温等技术，达到了高产高效的目的。在该年度日光温室越冬黄瓜的生产中，他于2010

图3　北京市大兴区榆垡镇石佛寺村种植户武长信

①亩为非法定计量单位，1亩≈0.067 hm²。

年9月2日播种，10月3日定植，栽培密度4 400株/亩；11月9日开始采收，截止到翌年7月20日，亩产达到23 250 kg，产品地头销售，平均单价2.4元/kg，亩产值计5.6万元，亩投入0.95万元，亩纯收益4.65万元。

姓名：徐振华

地址：北京顺义区大孙各庄镇老公庄村

生产简介：2011—2013年连续两个年度获得北京市日光温室越冬黄瓜高产冠军，他综合应用了高产品种津优35号种植技术，以及脱蜡粉砧木、嫁接、平衡追肥、膜下暗灌等技术，达到了高产高效的目的。2011—2012年度，他于9月27日播种，翌年7月12日拉秧，全生育期290 d，亩产25 048 kg，亩产值8.2万元；2012—2013年度，亩产23 329 kg，亩产值8.7万元。

图4 北京顺义区大孙各庄镇老公庄村种植户徐振华

4

第二部分

严寒气候别低估，温室条件是基础

一、黄瓜起源于热带，性喜温暖怕冷害

1.黄瓜的起源与传播 黄瓜（*Cucumis sativus L.*），又名青瓜、胡瓜、刺瓜，属于葫芦科黄瓜属一年生蔓性草本植物，原产于印度的喜马拉雅山脉南麓热带雨林地区，我国黄瓜栽培历史悠久，古代由印度分两路传入我国。一路是在公元前122年汉武帝时代，从波斯的巴库托利亚由丝绸之路经新疆带回到中国北方，经驯化形成华北系黄瓜。现主要分布于中国黄河流域以北地区及朝鲜和日本，植株生长势中等，喜土壤湿润、天气晴朗的自然条件，对日照的要求不甚严格，果实较细长，刺瘤密，抗湿、抗热性及耐弱光性都较差，但品质好；另一路是从印度和东南亚等地经水路（海路）传入华南，经驯化形成华南系黄瓜，主要分布于我国长江以南及日本各地，该品种枝叶较繁茂，较耐热及弱光，要求短日照，果实较细短，刺瘤稀，多黑刺，嫩果呈绿、绿白、黄白等色，味淡，成熟的果实呈黄褐色，有网纹。

2.黄瓜的植物学特性 黄瓜原产于热带、亚热带温湿地区，通过起源地气候因素、地理因素长期的自然选择，逐渐形成了与其起源地环境条件相适应的植物学性状。

（1）根系。由于起源地雨量充沛、土壤肥沃、有机质丰富、通透性好，所以黄瓜的根系分布较浅，主要分布于表土以下25 cm内，10 cm内更为密集，侧根横向伸展，主要集中于半径30 cm内。这就导致根系抗旱力、吸肥力较弱，要求在黄瓜高产栽培中要充分注意黄瓜"喜水不耐涝、喜肥不耐肥"的特性，同时

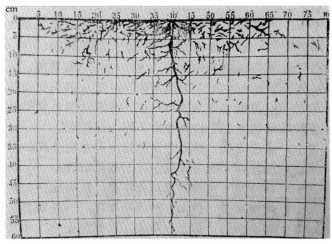

图5　黄瓜的根系

（资料来源：《蔬菜栽培学各论》北方本 第二版）

黄瓜根系木栓化比较早，断根后再生能力差，因此在育苗移栽过程中，要注意根系的培养与保护，幼苗期不宜过长，采用穴盘、营养钵或育苗块等方式进行护根育苗，并在定植后的缓苗期、蹲苗期采用中耕松土、点水诱根等措施促进黄瓜根系的生长；同时为了进一步提高黄瓜根系对水肥的吸收利用能力和对土壤逆境如低地温、土传病害、连作障碍等的抵抗能力，可采取嫁接换根的农艺措施。

（2）茎叶。黄瓜的茎为攀缘性蔓生，不能直立生长，茎中空，叶片掌状，叶大而薄，茎叶被覆刚毛。黄瓜的茎、叶随品种不同而有差异，生长环境、栽培技术对茎叶的影响也较大，若茎蔓细弱、刚毛不发达、叶片较小，很难获得高产，而茎蔓过分粗壮、叶片过大，属于营养过旺，会影响其生殖生长。一般茎粗 $0.6 \sim 1.2$ cm，节间长 $5 \sim 9$ cm，叶片面积以 $200 \sim 500$ cm^2 为宜，黄瓜之所以不抗旱，不仅由于根浅，而且也和叶面积大、蒸腾系数高有密切关系。就一片叶而言，未展开时呼吸作用旺盛，合成酶的活性弱，叶绿体不完全而净同化率低。从叶展开起，净同化率逐渐增加，直至发展到叶面积最大的壮龄时，净同化率最高，而呼吸作用则最低，所以壮龄叶是光合作用的中心叶，老叶虽然也有一定功能，但其同化能力较弱，同时易感染病害，因此要及时疏除，一般高产田的叶面积总量为 $2\,500$ m^2 左右，就单株来讲，要保持 $15 \sim$

17片的功能叶片。

（3）花。黄瓜的花基本上为退化型腋生单性花，花序退化为花簇，属于雌雄同株异花，偶尔也出现两性花。雌花出现早晚与雌雄花的比例，因品种的不同而有所差异，同时与苗期环境条件有着密切关系。

花芽分化与多种因素有关，如温度、光照、水分、养分、气体、激素等。在花芽分化的适当阶段采取适当的措施，可以通过人工调控，促进雌花的分化与形成。一是黄瓜花芽分化时，应保持白天温度在25℃左右，夜间将温度降至13～15℃，能明显地增加雌花数量和降低节位；二是在降低夜间温度的同时，缩短日照时数，可增加雌花数量和降低雌花节位；三是苗床土要肥沃，氮、磷、钾要配合适当，多施磷肥，可降低雌花节位，多形成雌花；四是应用一些激素促进雌花分化，如乙烯利、萘乙酸、吲哚乙酸等，乙烯利在生产上较为多用。幼苗期是黄瓜花芽分化的关键时期，黄瓜花芽分化的早晚、快慢、多少，特别是雌花花芽直接影响采瓜的早晚、产量的高低和效益，因此，了解花芽分化的规律，对培育壮苗、提高效益是非常必要的。黄瓜的花芽分化一般从子叶展平时开始，主蔓上分化花芽，不分雌雄，先有雄花倾向，而后才转为雌花倾向，第一片真叶展开时，生长点已分化12节，但性型未定；当第二片真叶展开时，叶芽已分化14～16节，同时第3～5节花的性型已决定；到四叶一心，花芽已分化到23片叶，11节以下的花芽性型已确定，到第七片叶展开时，第26节叶芽已分化，花芽分化到23节时，16节花芽性型已定。

表1　黄瓜幼苗生长与叶片、花芽分化

（卢玉华，1982）

幼苗展开叶片数	1	2	3	4
已分化的叶片数	5 ~ 6	9 ~ 10	15 ~ 16	22 ~ 23
花器性别确定节数		4 ~ 5	12 ~ 13	16 ~ 17

（4）果实。黄瓜的果实为假浆果，果实内大部分为子房壁和胎座，花托部分较薄。一般果实部分为花托的外表，可食的部分则为果皮和胎座。果实的商品性状因品种而异，形有长短；色为绿色，但有深浅，个别品种还有黄白色；棱瘤或有或无，或大或小；刺有黑、褐、白之分；果皮和果肉有厚薄不等。雌花开放前后，子房的细胞正是分裂增生之时，这一时期适当控制肥水可使植物体内营养物质得到调整，限制营养器官的过旺生长，促进果实发育。当果实开始长大、瓜把颜色变深、形态变粗时，正是细胞发育转向细胞体积迅速膨大时期，应适时浇水施肥，促进果条发育，否则易出现大肚、尖嘴、蜂腰等畸形瓜。在日光温室秋冬茬的生产中，瓜条发育时间为14 d左右，瓜条长度日均生长量为1.8 cm。

表2　日光温室秋冬茬黄瓜瓜条日均生长量（2014年）

生长期	10月中旬	10月下旬	11月上旬	11中旬至12月上旬	平均
瓜长日均生长量/cm	1.82	1.73	2.08	1.55	1.8

注：品种为金胚98，定植日期为2014年9月14日，基质复合营养液栽培。

（5）种子。黄瓜种子扁平、长椭圆形、黄白色。黄瓜种子由种皮、外胚乳、内胚乳和子叶等组成。子叶内除充满糊粉粒外还有丰富的脂肪，在真叶形成以前，子叶贮藏和制造的养分是秧苗早期主要的营养来源。子叶大小、形状、颜色与环境条件有直接关系。在发芽期可以用叶来诊断苗床的温、光、水、气、肥等条件是否适宜。一般每个果实有种子100～300粒，种子千粒重25 g左右。种子寿命因贮藏条件不同而不同，一般为2～5年，生产上采用1～2年的种子。

3.黄瓜的生长发育周期　黄瓜的生育周期大致可分为发芽期、幼苗期、初花期和结果期4个时期，因栽培方式不同，其全生育期的长短不一样，露地黄瓜全生育期为90～120 d，秋大棚为90～150 d，早春大棚为150～200 d，日光温室一大茬长达270余天，总的生长趋势是前期生长缓慢，中期生长快，后期又慢下来。

（1）发芽期。黄瓜由播种后种子萌发到第一片真叶出现这段时期为发芽期，种子发芽的适温为25～30℃。条件适宜时，需5～6 d即可发芽出土。这个时

期幼苗所需养分完全靠种子自身养分供给。此期管理
的要点为晒种、浸种、催芽。播种后，温度要求前高
后低，并要给予充分的光照，同时要及时分苗，这是
培育壮苗的关键。出土前要求气温为30℃左右，地温
保持在22～25℃，并保证充足的水分，促使早出
苗、快出苗；出土后，白天温度为23～25℃，夜间
为12～13℃，防止下胚轴过高，形成徒长苗。健壮的
幼苗要求下胚轴短粗，距地面为3～5 cm，子叶浓绿
肥大，向上微翘，叶缘稍上卷呈匙形，若子叶呈反匙
相，则是夜间低温所致，若子叶呈明显正匙相，则是

图6　黄瓜发芽期的临界特征

11

夜温高而且持续时间长引起的，这样的植株容易徒长，管理时应该降低温度。

（2）幼苗期。黄瓜从第一片真叶出现到4～5叶（团棵）为幼苗期。条件适宜时，此期约30 d。幼苗期的长短随栽培季节的不同存在着差异，一般秋大棚栽培为20 d左右，春大棚栽培为50 d左右，越冬日光温室栽培30 d左右。这段时期是黄瓜育苗的关键阶段，大部分花芽都在幼苗期分化和发育。因此苗子的壮弱对黄瓜以后的产量影响很大，特别是对黄瓜的前期产量影响更为显著，因此培育壮苗是黄瓜高产栽培的重

图7　黄瓜幼苗期的临界特征

要措施之一。本期营养生长与生殖生长同时并进，从生育诊断的角度来看，叶重与茎重比要大，地上部重与地下部重比要小，在温度与水肥管理方面应本着"促""控"结合的原则来进行，要求白天温度在25℃左右，夜温13～15℃，高温季节育苗，注意降温。使日照时间保持在8 h左右，夏秋育苗注意遮阳，营养土中氮、磷、钾比例合理，注意不缺氮、多施磷、少施钾，水分的管理要保持见干见湿，以培育出健壮的幼苗。健壮幼苗的茎与叶柄之间的夹角约45°，叶片展开呈水平状，先端稍尖，叶柄短，叶脉粗边缘缺刻较深，根系洁白，根毛发达，有40条左右的侧根，下胚轴长度为5～6 cm，直径为0.5 cm以上，子叶完整，肥而厚，真叶肥厚，色绿而稍浓，株冠大而不尖，长势强而敦实。若幼苗上部叶片大，下部叶片小，节间长，植株呈倒三角形，则是夜温过高、光照不足所致。

（3）初花期。本时期由真叶4～5片定植开始，经历第一雌花出现、开放，到第一瓜坐住为止，约需25 d。这时期的发育特点主要是茎叶形成，其次是花芽继续分化，花数不断增加，根系进一步发展。在栽培上既要促使根系增强，又要扩大叶面积，确保花芽的数量和质量，并使之坐稳。这段时期生育诊断的标准是叶面积与茎重比相对要大，但叶的繁茂要适度，从植株上来看，卷须粗壮伸长，与主茎呈45°夹角，雌花斜向下开放，花呈鲜黄色，可采收的瓜距生长点1.4 m左右，开放的雌花距顶端45～50 cm，节间平均长度在10 cm以内。

图8 黄瓜初花期的临界特征

（4）结果期。本时期由第一果坐住，经过连续不断地开花结果，直到植株衰老，开花结实逐渐减少，以至拉秧为止。结果期的长短是产量高低的关键所在，结果期的长短受诸多因素的影响，品种的熟性是一个影响因素，但主要取决于环境条件和栽培技术措施。所以生产上一定要及时地供应充足的水分和养分，以提高黄瓜产量和质量，此期也是最易发病期，应加强日常管理，减少病虫害的发生，同时在植株调整方面，要保持合适的叶面积指数。

图9　黄瓜结果期的临界特征

4.黄瓜对环境条件的要求

（1）温度。黄瓜是典型的喜温性作物，生育适温为10～32℃。白天适温较高，为25～32℃，夜间适温较低，为15～18℃。光合作用适温为25～32℃。

黄瓜正常生长发育的最低温度是10～12℃。在10℃以下时，光合作用、呼吸作用、光合产物的运转及受精等生理活动都会受到影响，甚至停止。温度达到32℃以上则黄瓜呼吸量增加，而净同化率下降；35℃左右同化产量与呼吸消耗处于平衡状态；35℃以上呼吸作用消耗高于光合产量；40℃以上光合作用急剧衰退，代谢机能受阻；45℃下3 h叶色变淡，雄花落蕾或不能开花，花粉发芽力低下，导致畸形果发生；

50℃下1 h呼吸完全停止。

黄瓜对地温要求比较严格。最适发芽温度为28～32℃，35℃以上发芽率显著降低。黄瓜根毛的发生最低温度为12～14℃，最高为38℃。生育期间黄瓜的最适宜地温为20～25℃，最低为15℃左右。

黄瓜生育期间要求一定的昼夜温差。因为黄瓜白天进行光合作用，夜间呼吸消耗，白天温度高有利于光合作用，夜间温度低可减少呼吸消耗，适宜的昼夜温差能使黄瓜最大限度地积累营养物质。开花坐果的时候最好实行四段温度管理：上午25～30℃、下午20～25℃、前半夜15～20℃、后半夜10～15℃，地温保持15～25℃。

（2）湿度。黄瓜根系浅，叶面积大，故而喜湿怕旱而不耐涝，对空气湿度和土壤水分要求比较严格。它要求的土壤湿度为85%～95%，空气湿度白天为80%，夜间90%。但是如果土壤湿度大，空气湿度虽在50%左右，也无大影响，因为它对空气干燥的抵抗力是随土壤湿度的提高而增强的。黄瓜在不同的生长季节对水分的要求也不相同。

表3　日光温室秋冬茬黄瓜日均耗水量（2014—2015年）

时间	10月	11月	12月	1月	2月	3月
日单株耗水量/mL	160.6	443.6	281.1	183.6	201.0	561.3

注：品种为金胚98，定植日期为2014年9月14日，基质复合营养液栽培。

（3）光照。黄瓜对日照长短的要求因生态环境不同而有差异。一般华南型品种对短日照较为敏感，而华北型品种对日照长短的要求不严格，但在 8～11 h 的短日照及低夜温条件下有利于雌花形成，降低结果节位，在长日照下，则能延迟开花结果。

（4）土壤。黄瓜忌连作，一般连作 3 年的设施地块，就会出现明显的连作障碍，主要表现为土传病虫害严重、土壤盐渍化、土壤板结、蔬菜出现缺素症，从而导致产量降低、品质下降，因此在黄瓜栽培中要重视轮作倒茬，要求与非葫芦科作物如浅根性叶菜类、葱蒜类等作物实行 2～3 年的轮作，黄瓜与番茄相互抑制，不宜轮作和间作套种。

黄瓜根系浅，主要分布在土表以下 25 cm 的土层，但同时地上部分繁茂、持续开花坐果，因此具有喜肥但不耐肥的特性，对土壤肥力和土壤质地要求较高，砂土易发苗，但也易早衰，黏质土难发苗，但后劲足。因此栽培黄瓜，土壤必须要富含有机质、土质疏松、保肥保水能力强、透气性良好，要求土壤中性偏酸为好，pH 为 5.5～7.6 均能适应，但最适宜的 pH 为 6.5，当 pH 为 4.3 以下就会枯死。

（5）营养。黄瓜在收瓜期间对五要素的吸收量以钾为最多，氮次之，再次为钙、磷，以镁为最少。黄瓜对氮、磷、钾各元素吸收的 50%～60% 是在收获盛期吸收的。叶和果实内三要素的含量差不多是各半，也就是说其中一半是随果实被采收去了。因而黄瓜结果期的追肥是很重要的。产量越高对养分的吸收也越多，同时对地力的消耗也越大。但由于黄瓜喜肥不耐肥，在生产中应以有机肥为主，配合浇水追施速效化肥，以少量多次为原则。施肥时要注意氮、磷、钾的配合。氮素供应不足时，叶绿素合成会受阻，叶色变黄，光合作用减弱，植株营养不良，下部叶片加速老化，落叶早。此外氮素不足还会影响到对磷的吸收。黄瓜缺磷时，光合产物运输不畅，致使光和强度下降，果实生长缓慢。同时叶片变小，分枝减少，植株矮小，并且细胞分裂和生长缓慢，造成子叶伸展不开，单位叶面积的叶绿素累积，叶色暗绿。黄瓜缺钾时，养分运输受阻，根部生长受到抑制，整个植株的生长发育也受到限制，因此，在整个黄瓜生育期内缺钾时，整个生长发育都会受到严重损害。大约每产100 kg黄瓜需氮280 g、磷90 g、钾990 g、氧化钙310 g、氧化镁70 g。

（6）气体。主要是影响根系生长的氧气量和黄瓜进行光合作用所需的二氧化碳。试验表明，10%左右的土壤含氧气量对根系生长较为适宜；二氧化碳为黄瓜光合作用所必需，而空气中的二氧化碳的含量只有350 mg/m³左右，远远不能满足黄瓜高产的需求，尤其是在温光条件适宜的情况下，所以在保护地条件下补充二氧化碳是很有必要的。

二、设施温光性能好，基本结构要达标

在冬季日光温室生产中，为了满足黄瓜对温度条件的需求，要求日光温室具有良好的增温、保温效果，冬季最低温度保持在8℃以上。为了达到这样的温度效果，要求日光温室的设施结构要规范。

1.场地的选择 场地的好坏对结构性能、环境调控、经营管理等影响很大。因此，在建造前要慎重选择场地。

（1）为了多采光要选择南面开阔、无遮阳的平坦矩形地块。因温室和大棚大型化，利用坡地平整时既费工又增加费用，也在整地时使挖方处的土层遭到破坏，使填方处土层容易被雨水冲刷下沉。因此，建造大型温室和大棚，最少应有150 m长度的慢坡地。

（2）为了减少炎热和风压对结构的影响，要选择避风的地带。冬季有季节风的地方，最好选在迎风面有山，防风林或高大建筑物等挡风的地方。但这样的地方又往往变成风口或积雪大的地方，必须事先做好调查研究；另外，夏季还需要有一定的风，风能促进通风换气和作物的光合作用，所以也要调查风向、风速的季节变化，结合布局选择地势。

（3）温室和大棚主要是利用人工灌水，要选择靠水源近，水源丰富，水质好的地方。水质不好不仅影响作物的生育，而且也影响锅炉的寿命。

（4）要选择土质好，地下水位低，排水良好的地方。地下水位高，不仅影响作物的生育，还能造成高温条件，易使作物发病，也不利于建造锅炉房。

（5）为了使基础坚固，要选择地基土质坚实的地方。否则修建在地基土质软，即新填土的地方或沙丘地带，基础容易动摇下沉，需加大基础或加固地带而增加造价。

（6）为了便于运输建造材料，应选离居民点，高压线，道路较近的地方。

（7）温室和大棚地区的土壤、水源、空气如果受到污染，会给蔬菜生产带来很大危害，影响人民群众的健康。因此，在有污染的大工厂附近最好不要建造温室和大棚，特别是在这些工厂的下风或河道下游处。如果这些工厂对污水、排出的有害气体进行了处理，那么依然可以建设温室和大棚。

（8）在现代化大型温室和大棚的实际生产中常常需要用电，因此，应考虑电力供给，线路架设等问题。要力争进电方便，路线简捷，并能保证电力供应，在有条件的地方，可以准备两路供电或自备一些发电设施，供临时应急使用。

（9）为了节约能源，减少建设投资，降低生产开支，有条件时应该尽量选择有工厂余热或地热的地区建造温室、大棚，可充分利用这些热能。

2.温室的设计与施工 日光温室，顾名思义即以日光为主要能量来源的温室,由后墙、山墙、透明前屋面、后坡和保温覆盖材料围护而成,主要用于园艺作物的反季节生产,因此,温室的温光性能决定着生产的成功与否,尤其是用来进行黄瓜的冬季生产,需要更好的透光能力和增温保温性能。

而其温光性能取决于温室各部位的尺寸、规格和用材,因此温室的建造不能盲目施工,要请专业人员根据本地区的地理纬度和气候特点,依据相关标准来科学设计,并请专业施工队按照图纸规范施工,才成建造成采光性能好、蓄热能力强、保温且坚固耐用、成本低廉的温室。

相关的标准有:《温室通用技术条件》Q/JBAL 1—2000,《温室结构设计荷载》GB/T 18622—2002,《连栋温室结构》JB/T 10288—2001,《温室电气布线设计规范》JB/T 10296—2001,《温室控制系统设计规范》JB/T 10306—2001,《温室通风降温设计规范》GB/T 18621—2002,《湿帘降温装置》JB/T 10294—2001,《日光温室建设标准》NYJ/T 07—2005,《寒地节能日光温室建造规范》GB/T 19561—2004,《日光温室结构》JB 10286—2001,《日光温室技术条件》NY/T 610—2002。

三、增温保温措施妙,综合应用效果好

1.后坡增厚　对于薄后坡,在外面加10 cm以上旧草苫或20 cm厚的作物秸秆等，外层用旧薄膜覆盖并做好防水。

2.墙体增厚　对于温室墙体厚度不够的，可根据经济情况及当地资源采取如下措施：

（1）在温室北墙外侧贴10～20 cm聚苯保温板，保温板外抹水泥，使聚苯保温板与墙体结合紧密。

（2）利用当地的玉米秸秆资源，将秸秆打捆贴在后墙上，用上年的旧棚膜包紧固定在后墙上。

（3）温室北墙外侧堆土，堆土高度最好与后墙高度一致。

图10　温室后墙保温

3.前底脚防寒

（1）防寒沟。建议在日光温室前屋面底脚处外侧东西向挖一条宽30 cm的防寒沟，深度最好达到当地冻土层，内填充炉渣、秸秆等隔热材料，或埋设10 cm厚的聚苯泡沫板，减少土壤热量的横向传导，提高温室南部地温。

（2）在前屋面前底脚外地表覆盖两块旧草苫，放苫前立起一块。

（3）在前屋面前底脚内侧增加一道裙膜。

图11　内置式防寒沟

图12　防寒沟

4.前屋面保温

图13　加厚保温被

（1）选用聚氯乙烯（PVC）长寿无滴消雾多功能薄膜或PO膜，厚度为0.12 mm，并经常擦拭保持清洁。

（2）利用草苫做保温覆盖的，草苫重量要求达到4 kg/m²，并外包一层旧棚膜。

（3）利用保温被做保温覆盖的，厚度应达到4.0 cm，重量要求达到1.2 kg/m²。

5. 土壤增温技术——秸秆生物反应堆的应用 在

图14 秸秆增温技术

定植前，按照栽培畦的大小挖宽60～70 cm、深25～30 cm的沟，每亩内填秸秆2 500～5 000 kg，并在其上撒上专用微生物菌8 kg，覆土20 cm，浇透水，10 d后定植蔬菜作物，秸秆在微生物作用下可逐渐分解，可提高根层土壤温度2℃以上；还可以增加室内CO_2浓度；改善土壤的物理性质，增加透气性和持水能力。

6.顶风口缓冲膜　在温室顶风口下东西向斜拉一道薄膜，可防止顶风口放风时冷空气直接吹到植株的生长点，起到缓冲的作用。

图15　顶风口缓冲膜

7.防雪膜 在夜间或降雪天气时，在温室保温被

图16 保温被防雪膜

图17 草苫防雪膜

或草帘外侧覆盖一层旧棚膜，既可起到保温作用又可防止降雪浸湿保温被或草帘。

8.清洁棚膜 要经常清扫棚膜保持较好的透光率，使用保温被进行覆盖的，要每周清扫一次；使用草帘进行覆盖的，要每日揭苫后清扫一次。

图18 自制棚膜清洗机

9.临时加温 遇到极端气候条件时，为确保喜温蔬菜的安全生产，可采取临时加温措施，如采用温室"热宝"、临时火炉、燃油热风炉、浴霸、远红外电热风机等临时加温。

图19　温室热宝增温块

图20　远红外电热风机

四、案例分析

冬季日光温室内温度的高低决定着越冬生产能否成功，而室内温度除由温室本身的采光和护围结构决定外，防寒保温措施的采用也至关重要。笔者对2013年北京地区冬季日光温室增温保温技术措施的应用情况进行了统计分析，结果可以看出，采用适宜的防寒保温增温措施是获得高产的重要技术，采取2项措施的有2个点，平均亩产11 341 kg；采取4项措施的有6个点，平均亩产11 726 kg；采取5项以上措施的有4个点，平均亩产21 251 kg。

表4　北京地区2012—2013年日光温室越冬黄瓜高产点温室增温保温措施与产量的关系

| 示范点 | 外保温双层覆盖 | 保温增温措施 | | | | | | | | 采取保温增温技术项数 | 亩产/kg | 加权亩产/kg | 2013年1月上旬平均最低温度 | |
		防寒沟	秸秆反应堆	外覆盖防雪膜	墙体增厚	浴霸	增温块	前底脚外围挡	温室入口围挡				温度	备注
姚金友	无	有	无	无	无	无	无	无	有	2	11 170	11 341	—	无记录
王建立	无	无	无	有	无	无	无	无	有	2	11 512		—	无记录
郑卫锋	有	无	无	无	有	有	无	无	有	4	7 722		7.9℃	农户记录
徐小松	有	无	无	无	无	无	有	有	有	4	9 617		—	无记录
张景桥	无	无	有	无	无	有	有	有	有	4	11 405	11 726	—	无记录
刘木梅	有	无	无	无	有	有	无	无	有	4	12 281		7.9℃	农户记录
侯鹏	有	有	无	有	无	无	无	无	有	4	14 405		—	无记录
胡建立	有	无	有	无	有	无	无	有	有	4	14 659		—	无记录

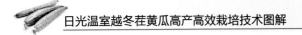

（续）

示范点	外保温覆盖 双层覆盖	外保温覆盖 防寒沟	保温增温措施 秸秆反应堆	保温增温措施 外覆盖防雪膜	保温增温措施 墙体增厚	保温增温措施 浴霸	保温增温措施 增温块	保温增温措施 前底脚外围挡	保温增温措施 温室入口围挡	采取增温保温技术项数	亩产/kg	加权亩产/kg	2013年1月上旬平均最低温度 温度	备注
张秀标	有	无	无	有	无	无	有	有	有	5	18 118		—	无记录
王兴久	有	无	无	无	有	有	有	有	有	6	19 742		9.6℃	农户记录
孙树海	有	无	有	无	无	有	有	有	有	6	20 124	21 251	8.2℃	仪器监测
李德成	有	有	无	无	有	有	有	有	有	7	23 973		7.9℃	农户记录
徐振华	有	无	无	有	无	无	有	有	有	5	23 329		9.1℃	仪器监测
平均	76.9%	23.1%	23.1%	30.8%	30.8%	38.5%	53.8%	61.5%	100.0%	5	15 836.7			

第三部分

冬季生产多赚钱，品种选择是关键

一、品种选择要认真，四条要点记心间

1. 适宜该茬口的栽培环境特点，要耐低温、耐弱光。
2. 抗逆性强、抗病能力好。
3. 品质好、丰产稳产。
4. 适宜消费需求。

二、优新品种很重要，推荐几个供参考

1. 中密12 该品种是北京现代农夫种苗科技有限公司育成的品种，该品种长势健壮、节间短、磁性强，以主蔓结瓜为主，连续结瓜能力强，瓜条呈棒状、把短，瓜长

图21 中密12

30 cm左右，适宜日光温室越冬栽培。

2. 津优35号 该品种是天津市黄瓜研究所育成的早熟杂交一代品种。该品种长势中等，以主蔓结瓜为

主，瓜码密，回头瓜多，瓜条生长速度快。早熟性好、耐低温及弱光能力强。抗霜霉病、白粉病、枯萎病。瓜条顺直，皮色深绿，光泽度好。腰瓜长34 cm左右，单瓜重200 g左右。适宜日光温室越冬茬及早春茬栽培。

图22　津优35号

3.中农26号　该品种是中国农业科学院蔬菜花卉研究所育成的中熟杂交一代品种。该品种生长势强，分枝中等。以主蔓结瓜为主，节成性好，坐果能力强，瓜条发育速度快，回头瓜较多。腰瓜长30 cm左右，瓜把短，瓜粗3.3 cm左右。耐低温及弱光，抗病，适宜日光温室越冬茬、早春茬及秋冬茬栽培。

图23　中农26号

4.津优36号　该品种是天津市黄瓜研究所育

图24　津优36号

成的早熟杂交一代品种。植株生长势强，叶片大，以主蔓结瓜为主，瓜码密，回头瓜多，瓜条生长速度快。早熟，抗霜霉病、白粉病、枯萎病。瓜条顺直，腰瓜长32 cm左右，单瓜重200 g左右，耐低温及弱光能力强，适宜温室越冬茬及早春茬栽培。

5.驰誉20号（2010W4）　该品种长势中等、叶片中等偏小，以主蔓结瓜为主，瓜条顺直，瓜把短，瓜长33 cm左右，抗病性好，耐低温能力强。

6.津春4号　该品种是天津市黄瓜研究所育成的早熟杂交一代品种。该品种生长势强，以主蔓结瓜为主，侧蔓能结瓜，且有回头瓜。瓜条呈棍棒形，长30～40 cm，单瓜重200 g左右。早熟，一般雌花开放后7～10 d即可收获嫩瓜。对霜霉病、白粉病和枯萎病有较强的抗性。

7.中荷8号　密刺型黄瓜品种，该品种耐低温及弱光，植株长势旺盛，分枝中等，以主蔓结瓜为主，第一雌花始于主蔓第五节，瓜条长度为32～35 cm，瓜把短，刺密瘤小，瓜码密，连续结瓜能力强，商品瓜率高，抗白粉病、霜霉病。

图25　中荷8号

8.金胚98 该品种是北京中研惠农种业有限公司育成的杂交一代品种，耐低温及弱光，早熟性好，长势旺盛，瓜码密。瓜长30～35 cm且顺直，瓜色深绿，光泽度极好，短把密刺，无棱无黄线，果肉淡绿，脆甜可口。

图26 金胚98

抗霜霉病、白粉病、枯萎病。

9.戴安娜 该品种是北京市农业技术推广站选育的全雌性无刺型黄瓜一代杂交种。该品种植株生长旺盛，节间短，每节可坐瓜，瓜表皮为中绿色，瓜长15 cm左右，直径2.5 cm左右，瓜条圆柱形，无刺、无瘤，易清洗，口感甜脆，清香爽口，适宜生食。较耐低温及弱光的栽培条件，抗病性较强。适宜在春、秋、冬季保护地进行栽培。

图27 戴安娜

10.戴多星 从荷兰引进的全雌性无刺型水果黄

瓜。该品种植株长势较强、开展度大，瓜条长16 ~ 18 cm，墨绿色，微有棱，果实味道好，口感甜脆，清香爽口，适宜生食。抗黄瓜花叶病毒病、黄脉纹病毒病、霜霉病、白粉病，适合在晚秋和早春种植。

图28　戴多星

11.比萨　水果型黄瓜品种，荷兰迷你型黄瓜。以主蔓结瓜为主，节间短，植株长势健壮，抗病性强，瓜条呈圆柱形，色碧绿，瓜长15 cm左右。

三、案例分析

图29　比萨

品种适应性的好坏决定着生产的成功与否，所以选择适宜的品种至关重要。笔者对北京郊区2009—2012年连续四年越冬黄瓜品种的应用情况进行了调研和统计分析，调查66点次，调查品种17个，北京市农业技术推广站主推品种的应用面积占到调查面积的86.8%，其中亩均产1.5万千克以上的有34点次，品种有7个，分别占到调查总数的

51.5％和41.2％，亩均产1.2万千克以上的有57点次，品种11个，分别占到调查总数的86.4％和64.7％。

表5　2009—2012年北京市日光温室越冬黄瓜品种调查情况

调查点数	品　种	应用点数	面积/亩	加权亩产/kg	品种类型	备　注
66	中密12	2	1.58	24 231.2	华北型	温室主推品种
	戴多星	2	1.4	23 966.8	北欧温室型	温室主推品种
	尼罗	1	0.7	21 164.3	北欧温室型	温室主推品种
	金胚98	1	0.8	20 123.7	华北型	温室主推品种
	京研108	1	0.7	19 741.6	华北型	温室主推品种
	中荷8号	5	3.55	17 155.5	华北型	温室主推品种
	津优35	22	19.78	15 001.5	华北型	温室主推品种
	比萨	7	7.1	14 502.5	北欧温室型	温室主推品种
	托尼	5	5.5	12 844.9	北欧温室型	温室主推品种
	天津9号	1	1.0	12 500.0	华北型	农户自选品种
	中农26	10	7.58	12 055.1	华北型	温室主推品种
	北农佳秀	1	0.7	11 169.9	华北型	农户自选品种
	漠河一号	1	0.52	8 562.5	华北型	农户自选品种
	绿卡	1	0.7	8 216.0	北欧温室型	农户自选品种
	超越	1	0.7	7 721.8	华北型	农户自选品种
	中农16	4	3.4	5 873.1	华北型	农户自选品种
	迷你2号	1	0.6	3 903.8	北欧温室型	农户自选品种

第四部分

培育壮苗环节多，听我慢慢来细说

一、种子处理很重要，消毒促发壮秧苗

黄瓜种子在采种、晾晒、贮运过程中都可能受到多种病原菌的侵染，受侵染的黄瓜种子成为生产中病害的主要初侵染源，黄瓜的多种病害都可以通过种子带菌传播，如炭疽病、黑星病、黑斑病、细菌性角斑病等。所以，在播种前进行适当的种子消毒处理是十分必要的。

1.种子用量 关于亩用种量，要考虑到栽培密度、种子千粒重、种子发芽率、种子净度以及安全系数，计算方法为：

种子用量=栽培密度×（1+安全系数）÷种子发芽率÷嫁接成活率÷壮苗率÷1 000×种子千粒重÷种子净度

例如，温室越冬黄瓜的栽培密度一般为3 500株/亩，商品种子的发芽率国家标准是90%以上，种子净度97%以上，千粒重一般25 g左右，按照嫁接成活率90%和壮苗率85%计算，安全系数为15%，则亩需黄

瓜种子150 g。

2.种子处理

（1）温汤浸种。温汤浸种能有效防止多种黄瓜种传病害的发生，是最方便、最经济的防治措施之一。具体做法是：在清洁的陶瓷盆或泥瓦盆中装入种子体积4～5倍的55℃温水，把种子投入，用筷子同向不停搅拌，维持55℃恒温15 min，待水温降至室温时，继续浸泡4～6 h，即可出水；出水后要搓掉种皮上黏液，再次用清水投洗，然后用湿纱布包起来，置于28～30℃条件下催芽。

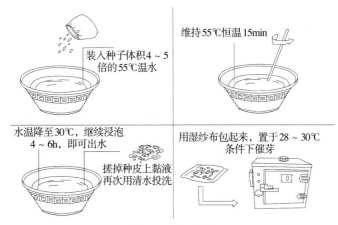

装入种子体积4～5倍的55℃温水

维持55℃恒温15min

水温降至30℃，继续浸泡4～6h，即可出水

搓掉种皮上黏液再次用清水投洗

用湿纱布包起来，置于28～30℃条件下催芽

图30　温汤浸种

（2）药剂处理。播种前应用50％多菌灵可湿性粉剂或47％加瑞农可湿性粉剂400倍液浸种0.5 h，对于

干种子可用种子重量0.3%的50%多菌灵可湿性粉剂或47%加瑞农可湿性粉剂拌种，或用150倍的40%福尔马林浸种1.5 h或用100万单位的硫酸链霉素500倍液浸种2 h，冲洗干净后催芽播种，可防治黄瓜角斑病、黑星病、炭疽病、疫病等。

3.催芽技术 将已经经过消毒和浸种处理的种子，用通透性好的纱布包好，放在适宜的温度和湿度条件下进行催芽。黄瓜发芽需要的温度较高，最适发芽温度为28～32℃，在此温度下保持一定的湿度，1～2 d即可发芽。18～24 h有部分种子露出根尖，此时可将温度降低到25℃左右，当种子露白达到80%时就可以进行播种了。注意催芽期间温度不能过高，当温度在35℃以上时，发芽率显著降低。

二、适期播种很重要，育苗方式随你挑

1.播种时期 播种时期按照定植时间和日历苗龄来推算，即以确定的定植日期向前倒推日历苗龄的天数来计算。日光温室越冬黄瓜生产的育苗时间正处于温度较高的秋季，积温充足、秧苗生长较快，从播种到定植仅需35 d左右。以北京市为例，一般10月中下旬至11月上旬定植，日历苗龄30～35 d，则播种期为9月中旬至10月上旬。

2.育苗方式 黄瓜根系需氧性强，同时根系木栓化早，损伤之后很难恢复，因此，要采用护根育苗的

方式来培育壮苗，并必须保持土壤疏松，保证黄瓜根系从土壤中得到充足的氧气。常用的有以下三种护根育苗方式：

（1）穴盘育苗。

穴盘规格：72或50孔穴盘育苗。

日历苗龄：30 d。

生理苗龄：2片或3片真叶展开。

基质混配：草炭、珍珠岩、蛭石体积比为5∶4∶1，每立方米基质加入45%复合肥1 kg、商品有机肥鸡粪10 kg，混合均匀。

基质装盘：装盘前基质过筛，喷水少许、拌匀（加水数量掌握在用手轻握成团，落地后散开），再装盘，摆放于苗床内，下铺一层薄膜，播种前浇透水。

图31　穴盘育苗

（2）营养钵育苗。

营养钵规格：8×8或10×10营养钵育苗。

日历苗龄：35 d。

生理苗龄：3片真叶展开。

基质混配：采用田土1/3、马粪或草炭土或堆肥等腐熟的有机肥2/3，土壤最好取自大田土或前茬种植过葱、蒜类蔬菜，至少3～4年内没有种植过瓜类蔬菜的土，配合混匀之后按每立方米加入过磷酸钙或磷酸二铵1～2 kg、尿素250～300 g、硝酸钾0.5～1 kg，最后过筛去掉颗粒物，混合均匀，过筛装碗待播。

图32　营养钵育苗

（3）营养块育苗（"傻瓜式"育苗营养块育苗）。

育苗基质："傻瓜式"育苗营养块选择优质草炭为

43

主要原料，采用先进科学技术压制而成，集基质、营养、控病、调酸、容器于一体，适用于蔬菜、瓜果、花卉、林木、药用植物等各种作物栽培育苗，尤以苗龄较短的瓜果类品种最为适宜。具有无菌、无毒、营养齐全、透气、保壮苗及改良土壤等多种功效，使用方便。

播种技术：①提前将种子催芽露白。②苗床底部平整压实后，把营养块摆放在苗床上。③用喷壶由上而下向营养块喷水，薄膜有积水后停喷，积水吸干后再喷，反复5～6次直到营养块完全膨胀，标准是用牙签扎透基体无硬心。④放置4～5h后开始播种，种子平放穴内，上覆1～1.5cm厚的蛭石或用多菌灵杀过菌的细砂土，禁忌使用重茬土覆盖。⑤播后管理只需保持营养块水分充足，定植前5d停水炼苗，定植时带基移栽。

图33 营养块育苗

三、苗期管理不简单，先促后控防苗串

黄瓜的苗期包括两个阶段，即发芽期和幼苗期，苗期管理的总体原则是出苗期保持相对高温、潮湿的环境促进出苗，出苗后，温度适当降低、适当控水以防止幼苗徒长。

1.温度管理

（1）发芽期。发芽期是指从种子发芽到真叶吐芯的这段时间，要求为其提供适合的温度和潮湿的土壤，白天28～30℃、夜间17～20℃，5～6 d完成发芽期的生长。

图34　发芽期

45

（2）幼苗期。幼苗期是指从真叶吐芯到第三片真叶充分展开的这段时间。这段时间里，也就是发芽期结束后，保持白天22～25℃、夜间13～17℃的温度，并控制浇水，在本茬口的生产中，黄瓜完成幼苗期的生长需要20～25 d。2片真叶后，叶面喷施1～2次0.2%～0.3%的尿素加磷酸二氢钾或苗期专用叶面肥。

图35　幼苗期

2.苗期病害　苗期主要的病害是猝倒病，可用72%克露可湿性粉剂600倍液、72%普力克水剂600倍液、69%安克·锰锌可湿性粉剂800倍液、66.8%霉多克可湿性粉剂800倍液进行喷雾防治。

四、嫁接技术是关键，抗逆抗病又增产

1. 嫁接栽培的优点 黄瓜属浅根系作物，主要分布于表土以下20～30 cm、横向集中于半径30 cm内的范围内，吸水吸肥能力较弱，同时对地温的要求较为严格，黄瓜根系不耐低温，又怕高温，生育期间最适宜的地温为20～25℃，低于12℃时根毛难以发生。所以一定要采用嫁接栽培技术，嫁接栽培的优势主要表现为以下几个方面：

（1）增强对土传病害的抵抗能力。由于温室的连年种植，导致土壤中病原菌积累，而嫁接后，对于土传的枯萎病、疫病具有很好的抵抗能力。

（2）增强根系对水肥的吸收能力。黄瓜嫁接砧木以南瓜为主，南瓜根系强大，增强了黄瓜的吸水吸肥能力。

（3）增强黄瓜对逆境的耐受能力。黄瓜根系不耐低温，又怕高温，喜水肥而又怕涝，而嫁接后可显著增强黄瓜对逆境的耐受能力。

（4）改善黄瓜瓜条的外观商品性。采用合适的砧木嫁接后，可脱除瓜条表面的蜡粉，改善产品的商品性。

（5）有利于产品安全质量的提高。嫁接黄瓜由于抗病性增强，可减少农药的用药次数和用药量，从而减少了黄瓜内的农药残留以及对环境的污染，还能降

47

低劳动成本和劳动强度，保证了瓜农及消费者的身体健康。

图36　嫁接与自根田间对比

2.常用砧木品种介绍

（1）黑籽南瓜。

用种量：千粒重200 g，亩用种1 kg。

特点：根系强大、耐低温能力强、抗病、生长势强；具有休眠性；幼苗生长速度快，苗茎容易出现空腔，适嫁期较短；不能脱除黄瓜瓜条表面的蜡粉。

图37　黑籽南瓜

（2）白籽南瓜。

用种量：千粒重200 g，亩用种1 kg。

特点：根系强大、对高温耐受性较好、抗病、生长势强；幼苗生长速度快，苗茎容易出现空腔，适嫁期较短。

图38　白籽南瓜

（3）褐籽或黄籽南瓜。

用种量：千粒重100 g，亩用种量0.5 kg。

特点：耐低温、高温性能均佳，耐涝，嫁接时不易出现空腔，嫁接后能脱除黄瓜瓜条表面的蜡粉，使瓜条呈亮绿色。

图39　褐籽南瓜

3.嫁接方法　黄瓜嫁接方法较多，但在生产中较为常用的有如下三种（即贴接法、顶芽斜插法和靠接法）。

（1）贴接法。

嫁接时期：砧木第一片真叶微展，接穗子叶展平、真叶吐芯（接穗比砧木早播1～2 d）。

嫁接工具准备：准备好嫁接工具，剃须刀片、嫁接夹和小拱棚架杆、薄膜和遮阳网。

秧苗准备：嫁接前一天将砧木和接穗用喷药壶喷一遍清水，即可保持秧苗坚挺，便于嫁接，又可起到

图40　砧木苗龄

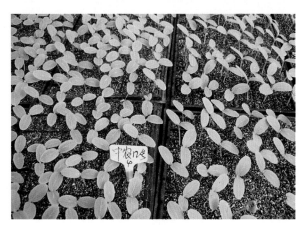

图41　接穗苗龄

清洗秧苗的作用，提高嫁接成活率。

　　适用范围：适于工厂化集约化育苗和农户分散育苗，技术简单，易于掌握。

嫁接流程：

①削切砧木。从砧木苗生长点紧靠一片子叶基部，用刀片呈30°～45°角由上向下斜切，将另一片子叶连同生长点及腋芽一起切掉。

图42　切砧木（一）　　　　图43　切砧木（二）

②削切接穗。在子叶下方1 cm处将接穗下胚轴自上而下斜切，角度为30°～45°，注意在削切接穗时，使刀片垂直于子叶展开方向。

图44　切接穗（一）　　　　图45　切接穗（二）

③嫁接。接穗苗和砧木苗切面对齐、对正，用嫁接夹固定牢固即可。

图46　嫁接（一）　　图47　嫁接（二）　　图48　嫁接（三）

（2）插接法。

嫁接时期：砧木第一片真叶微展，接穗子叶展平、真叶吐芯（接穗比砧木晚播 4～5 d）。

嫁接工具准备：准备好嫁接工具，剃须刀片、竹签和小拱棚架杆、薄膜和遮阳网等。竹签长 10 cm，一

图49　接穗苗龄

图50　砧木苗龄

端先削成比黄瓜下胚轴略粗的四棱锥形，要求锥尖锐利、斜面光滑，用砂纸磨光，确保无毛刺，用于砧木插孔；另一端削成0.5～0.8 cm的大斜面，同样要求斜面光滑、刀口锐利，用于去除砧木生长点和腋芽。

适用范围：适于工厂化集约化育苗和农户分散育苗，技术熟练后工作效率较高。

嫁接流程：

①砧木去势。用竹签刀的大斜面去除砧木的生长点、真叶及侧芽，剔除干净。

②砧木插孔。用竹签刀的四棱锥尖端，沿

图51　砧木去势

着砧木一片子叶中脉，从子叶节交接处斜插到另一子叶下方0.2 cm处，其深度以手指感触到竹签尖端为佳，插成后竹签暂时留在砧木上。

图52　砧木插孔（一）　　　图53　砧木插孔（二）

③削切接穗。在接穗子叶下0.5～1.0 cm处斜向下削成0.4～0.5 cm长的斜面。

图54　削切接穗（一）　　　图55　削切接穗（二）

④嫁接。从砧木中拔出竹签，将接穗斜面向下，斜插进竹签插孔，嫁接后接穗与砧木子叶平行，并斜靠在砧木的一片子叶上。

图56　嫁接（一）　　　　图57　嫁接（二）

（3）靠接法。

嫁接时期：砧木及接穗第一片真叶半展或展开（接穗比砧木早播4～5 d）。

图58　接穗苗龄

图59　砧木苗龄

适用范围：适于农户分散育苗，后期需要二次断根（嫁接苗成活后，在嫁接接合处下方要剪断接穗）。

嫁接流程：

①砧木去势。先用竹签或刀片去掉南瓜苗的生长点、真叶和腋芽。

图60　砧木去势

②切砧木。在生长点下方0.5～1.0 cm处，用刀片平行于子叶展开方向，将下胚轴自上而下斜切一刀，切口

角度为30° ~ 40°，切口长度为0.5 ~ 0.7 cm，深度约为下胚轴直径的一半。

③切接穗。在接穗苗距生长点下1.5 cm处由下向上斜切一刀（刀片垂直于子叶展开方向），切口角度同为30° ~ 40°，深度为其下胚轴直径的3/5 ~ 2/3。

图61　切砧木

图62　切接穗

④嫁接。将削好的接穗切口嵌入砧木的切口内，使两者的切口吻合在一起，用夹子固定好嫁接处即可。嫁接好的嫁接苗，黄瓜子叶位于南瓜子叶上，且呈十字形。最好将嫁接后的两株苗栽到同一个营养钵中，栽植嫁接苗时，应把两个根茎分开栽植，以利于以后的断根操作。

图63　嫁接

图64　嫁接夹固定

图65　移栽

4.嫁接苗管理　嫁接成活率的高低与嫁接技术密切相关，但更大程度上取决于嫁接苗的管理，因此要注重嫁接苗的后期养护。

嫁接当天，嫁接苗应及时摆放入事先准备好的覆盖遮阳网的小拱棚，用喷雾器喷施50％的多菌灵800倍液一次，以防接穗萎蔫和伤口感染。

前三天，遮阳率要达到100％，并覆盖薄膜小拱棚，保持密闭状态，相对湿度保持在90％以上。白天温度控制在25～30℃，夜间18～20℃。

第四天到第七天，每天早上、晚上让苗床接受短时间的弱光照，并可适当放风，降低棚内的空气湿度，放风口的大小和通风时间的长短，以黄瓜苗不发生萎蔫为标准。期间依小拱棚内的湿度大小，每天对嫁接苗喷雾1～2次，其中一次喷500倍的百菌清，以预防霜霉等病菌侵染。

图66　嫁接苗消毒

图67　扣拱棚

图68　盖遮阳网

图69　早晚通风见光

第八天到第十天，一般7 d伤口即可愈合，可逐渐延长见光的时间，每天适宜光照的时间以瓜苗不发生严重萎蔫为标准，当黄瓜新叶开始生长标志着嫁接成活，即可转入正常的管理阶段。

图70　嫁接成苗

5.壮苗标准　苗龄30～35 d、具3～4片真叶，幼苗节间短、株高10～15 cm；茎粗壮、刺毛较硬、茎横径为0.5～0.6 cm；子叶完好，叶片平展、肥厚，颜色深绿有光泽；根系发达、白色；嫁接伤口愈合完好，无病虫害。

图71 嫁接壮苗（一）　　　图72 嫁接壮苗（二）

五、案例分析

嫁接是获得高产的核心技术，在冬季温室黄瓜生产中必须要进行嫁接栽培。在砧木的种类上，要根据不同的生产需求选择适宜的嫁接砧木，在北京地区，脱蜡粉褐籽砧木得到了普遍应用。笔者对2012—2013年越冬温室黄瓜嫁接砧木进行了调查，调查了13点次，其中10个地块应用了褐籽南瓜砧木品种，应用率达到76.9%，地块平均亩产17 095.5 kg，较黑籽南瓜示范点增产18.7%。

第五部分
整地施肥很重要，定植技术要求高

一、有机底肥要施足，整地作畦有讲究

黄瓜是持续坐果、连续采收的蔬菜作物，产量高、生长量大，每生产1 000 kg商品瓜需氮2.8～3.2 kg、五氧化二磷1.2～1.8 kg、氧化钾3.6～4.4 kg。三要素养分总计8.5 kg（折均数），氮、五氧化二磷、氧化钾的需求比例约为1：0.5：1.4。所以，为了获得高产要有充足的养分基础。

1.有机肥基肥的施用 根据北京地区的亩产15 000 kg高产经验，在整地时要施入充足的有机肥，推荐亩用量20～25m³，有机肥种类以充分腐熟的鸡粪、猪粪等动物粪便为主。在施用方式上，2/3的有机肥在耕翻之前撒施，余下的有机肥在作畦时沟施。

2.化肥基肥的施用 黄瓜生产对总养分的需求因生长期不同而异，其初瓜期前吸收约占总需肥量的10%。而有机肥养分含量低、矿化缓慢，所以为了满足植株结瓜前对养分的需求，在整地作畦施用有机肥的同时，就要施入这10%的三要素养分。

亩产15 000 kg，理论上基施氮磷钾养分总量应为11.4～14.1 kg。根据化肥的利用率35%（氮肥30%～50%、磷肥10%～15%、钾肥40%～70%）和肥料的平均养分含量53%（复合肥45%、磷酸二铵64%、硫酸钾50%）计算，一般则需基施化肥70 kg左右（折合复合肥40 kg、磷酸二铵20 kg、硫酸钾10 kg），若目标产量增加，则基施化肥量相应增加。在施用方式上，以沟施为主。

3.深翻土壤　嫁接后，扩大了作物根系的吸收体积，砧木南瓜根系庞大、侧枝发达，根群集中在地表以下10～40 cm的范围内，主根深达0.6～2 m，因此，要保证栽培的土壤疏松，在施入充足有机肥的前提下，要深翻土壤，最好达到40 cm以上的深度，以利于根系的生长。

4.畦向畦式　为了减少植株间的相互遮光，要做成南北向延长的栽培畦，同时为了降低空气的相对湿度、提高地温，在本茬口生产中推荐如下两种栽培畦式：

（1）台式高畦。适于有滴灌条件的地块，畦高

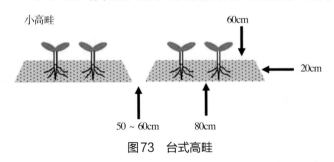

图73　台式高畦

20 cm、上台面宽60 cm、下台面宽80 cm、沟宽60 cm。

（2）瓦垄畦。对于不具备滴灌条件的地块，推荐采用瓦垄畦栽培（适于膜下沟灌），畦高15～20 cm、大沟宽90 cm、小沟宽50 cm，小沟深15 cm左右。

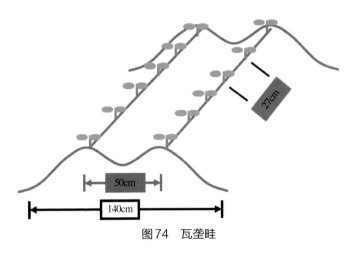

图74　瓦垄畦

二、定植时期把握好，不宜晚也不宜早

1.定植适期　华北地区适宜的定植期为10月中下旬至11月上旬（立冬之前）。

2.定植技术

（1）定前造墒。定植前浇足底水，保障底墒，待田间能进行操作时选晴天上午定植。

（2）苗子消毒。在定植前一天，苗床喷施75%

百菌清可湿性粉剂800倍液或50％多菌灵可湿性粉剂1 000倍液灭菌。

（3）选苗分级。定植时根据健壮程度对幼苗进行初步分级，壮苗定植在温室的东西两侧和温室前部，弱苗定在温室中间部位。

（4）定植技术。定植的适宜生理时期为3片真叶时，采用大小行定植，推荐定植密度为3 500株/亩，在上述畦宽的情况下，定植株距掌握在27 cm。定植不要过深，以坨面与畦面持平为宜，保证嫁接愈合处位于地面之上，定植后浇透定植水。

图75　定植技术

三、案例分析

1.有机肥是高产的基础　充足的有机肥为黄瓜高产提供着丰富的物质基础，笔者连续5年对北京地区日光温室越冬茬生产有机肥用量与产量的关系进行了调查，结果表明，当有机肥的亩用量为0～25m³时，随着有机肥用量的增加产量明显提升，当有机肥用量达到20～25m³时，产量达到最高，其后产量呈下降趋势，当亩用量达到30m³以上时，仍会进一步促进高产，但有机肥产出率显著下降，所以，在日光温室越冬黄瓜生产中，有机肥用量以20～25m³为宜，不宜盲目加大有机肥的投入。

表6　2008—2012年北京日光温室越冬黄瓜基施有机肥与产量关系调查情况

用量范围/（m³/亩）	点次	棚室面积/亩	有机肥平均用量/（m³/亩）	平均亩产/kg	有机肥产出率/（kg/m³）
0～5.0	5	3.3	2.4	6 565.0	2 681.2
5.1～10.0	23	18.5	8.4	9 472.1	1 125.1
10.1～15.0	14	14.1	13.6	12 998.9	957.5
15.1～20.0	13	11.7	18.9	15 413.5	815.8
20.1～25.0	9	8.0	23.8	16 915.5	711.4
25.1～30.0	7	6.5	28.6	15 303.3	535.3
30.0以上	7	5.6	34.4	18 576.3	540.5

2.合理的密度是高产的保证　亩种植密度、单株

结瓜数和单瓜重量是形成群体产量的三个关键因素，密度太低不易获得高产，但冬季温室栽培条件下光照条件不好，密度过高不利于通风透光，因此选择合适的栽培密度至关重要。通过连续5年对北京地区日光温室越冬茬黄瓜栽培密度的调查，综合分析结果显示，3 000～3 500株/亩为较为适宜的密度范围，从调查样本来看，在3 500株/亩范围内，随着密度的增加产量提升明显，当3 000～3 500株/亩时达到最高产量，所以说，3 000～3 500株/亩是该茬口黄瓜生产较为适宜的密度，当然高密度下也可获得高产，但对栽培技术水平的要求更高。

表7　2008—2012年北京市日光温室越冬黄瓜栽培密度调查情况

密度/（株/亩）	点次	棚室面积/亩	亩密度/株	亩产/kg
4 000以上	11	10.8	4 181.1	14 551.7
3 500～4 000	15	12.8	3 787.6	11 995.6
3 000～3 500	36	31.2	3 297.8	15 122.6
2 500～3 000	10	8.6	2 747.4	11 860.5
2 500以下	8	6.4	2 162.2	5 331.4

第六部分
田间管理是核心，分期管理要认真

一、缓苗阶段约一周，高温管理把土松

定植后进入缓苗阶段，一般5～7d幼苗即可缓苗成活，此阶段以温度管理和中耕松土为主，不涉及浇水追肥等农事操作。

1.温度管理 缓苗期的管理以"促"为主，定植

图76　定植后土壤管理（一）

图77 定植后土壤管理（二）

后少通风，保持较高的棚温，白天30℃以上，最高不超过35℃，当白天植株生长点部位最高温度达到35℃时可由顶风口放风降温（切不可放地脚风），待温度下降到30℃时再关闭风口；夜间放下草苫或保温被，使夜间温度保持在20～15℃。一般5～7 d幼苗即可缓苗成活。

2.土壤管理 缓苗期间要浅中耕2次，以保墒、提高地温、促进缓苗，中耕深度5 cm左右。

二、蹲苗时间约五天，此期管理很关键

1.温度管理　缓苗之后如果土壤干旱可以轻浇一次缓苗水，随后进入蹲苗期。蹲苗期的温度管理要以"控"为主，防止温度过高，最好掌握在白天25～30℃、夜间15～13℃，若中午气温超过30℃，由顶风口放风降温。

2.土壤管理　为了促进根系生长，蹲苗期间要中耕松土1～2次。

3.水肥管理　待70％植株的根瓜坐住后即可结束蹲苗，依墒情和植株长势决定是否浇坐瓜水。若墒情好，瓜秧长势强，可推迟到根瓜采收前浇水追肥；若土壤墒情差，瓜秧长势弱，应及时浇根瓜水，并结合浇水每亩冲施速效性肥料如圣诞树冲施肥10 kg。在根瓜没有坐住之前切勿浇水、追肥以防植株营养生长过旺而导致坐瓜困难。

4.覆盖地膜　过去人们习惯先覆膜后定植，或定植后随即覆盖地膜，但实践证明，为了充分发挥嫁接砧木根系强大的优势，促进根系深扎，最好于吊蔓前再覆盖地膜。地膜以无色透明的地膜为好，相对于其他的有色地膜来说，对于提高土壤温度的效果较为明显，在覆盖方式上最好实行全膜覆盖。

图78　地膜覆盖方式（一）

图79　地膜覆盖方式（二）

5.及时吊蔓 本茬口生产，生育期较长、黄瓜生

图80　吊蔓（一）

图81　吊蔓（二）

长量较大，一般株高可达10 m以上，在栽培中要经常打底叶、盘蔓、落秧，因此不适于竹竿插架，而是要采用吊蔓方式栽培。可采用落蔓栽培专用的吊绳器或落蔓夹吊蔓，提高劳动效率，缓解劳动程度，减轻落秧对植株的伤害。

三、采收时期长与短，关键看你怎么管

采收期的田间管理重点是要协调好温度、光照与黄瓜生长的关系，做好水肥管理和病虫害的防控（病虫害部分详见本书第七部分），下面以北京地区为例，分四个阶段详述一下北方地区的日光温室越冬茬黄瓜采收期管理。

1.阶段划分

（1）冬前管理（大雪之前）12月上旬。日光温室越冬茬黄瓜生产，由于定植初期尚处于温光适宜的季节，黄瓜生长发育较快，在适龄苗定植的前提下（日历苗龄30~35 d，生理苗龄3~4片真叶展开），25~30 d即可采收根瓜，也就是说，在10月中下旬至11月上旬定植，那么在11月中旬至12月上旬即可开始采收，但为了防止植株生长量和采瓜量过大造成植株瘦弱而不利于抵抗冬季低温，在这一阶段的田间管理中，要以"控"为主，管理的目标是促进根系的生长，协调地上部分、地下部分的关系，协调好营养生长和生殖生长的平衡。

（2）越冬管理（大雪至雨水）12月中旬至2月中旬。这段时间是产量形成的第一个重要时期，同时上市期贯穿元旦、春节，售价高，也是取得效益的关键时期，但该阶段是华北地区最为寒冷的季节，以北京为例，平均最低气温-8.9℃（1940—1972年33年平均），所以为了达到黄瓜25～32℃的光合适温，在管理中所有的栽培措施都要围绕增温、保温来进行，同时兼顾水肥的合理供给。

（3）春季管理（雨水至小满）2月下旬至5月中旬。从2月下旬开始，外界温度逐渐回升，以北京市为例，旬均回升2℃（1940—1972年33年平均值），这一阶段是产量的高峰期，同时由于露地和塑料大棚蔬菜尚未上市或上市量较少（北方春淡季），产品价格仍然较高，也是获取高效益的重要时期，那么在田间管理上，要逐渐由高温管理转向适温管理，减缓植株的老化速度，同时水肥管理的频次也要逐渐增加，并注重钾肥的施用。

（4）夏季管理（小满以后）5月下旬至拉秧。日光温室越冬茬黄瓜的生产，在科学管理的前提下，采收期可延续到8月底，产品正好供应7月至9月的夏淡季，仍能获得较好的效益。但从5月下旬之后，温度和光照条件超出黄瓜正常生长发育所需，尤其是高温高湿会导致作物生长受抑、化瓜和病害发生，在该阶段要着重做好遮阳降温管理和水肥供给及病虫害防控。

2.具体管理

（1）温度管理。黄瓜是典型的喜温性作物，生育适温为10～32℃。白天适温较高，25～32℃，夜间适温较低，15～18℃，适宜地温15～25℃。光合作用适温为25～32℃，温度达到32℃以上则黄瓜呼吸量增加，而净同化率下降；当温度在35℃以上时，植株呼吸作用消耗高于光合产量，温度达到40℃以上时，光合作用急剧衰退，代谢机能受阻。

①冬前管理。实行亚高温管理，保持白天25～30℃，最高不超过32℃，前半夜温度保持15～20℃。

②越冬管理。高温管理是该阶段的核心，但白天温度也不宜过高，当温度在35℃以上时，植株呼吸作用消耗高于光合产量，温度达到40℃以上时，光合作用急剧衰退，代谢机能受阻。所以为了能够使温室内积蓄更多的热量，白天温度的上限值可提高到35℃，当生长点温度超过35℃时可由顶风口缓慢放风，当温度下降到35℃以下时再关闭风口；夜间前半夜保持在15～20℃、后半夜10～15℃，地温保持15～25℃。

③春夏管理。前一阶段仍然要做好防寒保温工作，保持白天25～30℃，夜间温度8～10℃。4月下旬，外界最低温度回升9℃（1940—1972年33年平均值），已经满足了黄瓜正常生长的温度需求，夜间保温被或草帘可不覆盖，但草帘不要急于卸下以防倒春寒，5月

中旬后，温室风口在无雨天气条件下可昼夜开放。

（2）光照管理。光是植物进行光合作用不可缺少的能量来源，只有在一定强度的光照条件下，植物才能正常生长、开花和结实。黄瓜在瓜类作物中是比较耐弱光的（田间光饱和点为55 klx，补偿点为10 klx，最适宜的光照强度为40～60 klx），但光照不足，会导致植株生长发育不良，从而引起"化瓜"现象，而光照过强也会导致植株生长受抑。

①冬春季节管理。

A.选用高透光棚膜：扣棚膜时，生产之前选用高透光率PO膜。PO膜是保护地覆盖的理想材料，透光率比普通膜高10%左右。

B.保持棚膜清洁：棚膜在生产一段时间后由于积尘会导致透光率迅速下降，因此在生产过程中要经常打扫和擦洗。

C.保持植株的合理布局：一是掌握合适的栽培密度，一般以3 000～3 500株为宜，密度过高会导致株间遮光；二是采用细绳吊蔓；三是采用南北畦大小行栽培，并进行南低北高的阶梯式落秧；四是及时摘除基部老叶、病叶，促进透光。

D. 应用反光幕：应用反光幕可有效改善光照，但不要悬挂在北墙上以阻碍墙体蓄热，可将反光膜悬挂在顶风口下方，一方面可增强室内光照，另一方面，在顶风口放风时可起到缓冲的作用。

E. 适时揭盖草苫或保温被：在保证温度的前提下，覆盖物尽量早揭晚盖，延长光照时间。

F. 人工补光：人工光源种类较多，常用的温室人工光源有LED灯、镝灯、白炽灯、钠灯等。由于人工补光成本相对较高，可以根据生产情况选用。

②高温季节管理。6月上旬以后，由于外界光照强、气温高，导致温室内温度往往会达到35℃以上，为了减缓高温强光的不利影响，应进行遮阳降温。

A.移动式遮阳网：应用遮光率50％的遮阳网，根据外界温度和光照情况适时进行遮阳降温，一般于晴日11:00到14:30覆盖，其余时间撤下。

B.利凉遮阳：应用新型遮阳降温涂料喷涂在棚膜上，起到良好的遮阳降温效果。

（3）水肥管理。

①入冬以前管理。冬季前期控制浇水和追肥，以促进根系向土壤深层生长，在根瓜膨大期可浇水追肥1次，水量控制在膜下暗灌20m³/亩、滴灌10m³/亩，结合灌溉追施专用冲施肥15 kg/亩或尿素和硫酸钾各5～6 kg、普通过磷酸钙10 kg，此后10 d1次。滴灌追肥则水量减为1/3、肥量减半。

②越冬管理。参照天气情况进行水肥管理，选择晴天上午追肥浇水，一般15 d左右灌溉1次，每次每亩用水量25～30 m³，结合浇水追施高钾冲施肥15 kg/亩，滴灌同上；浇水追肥后第二天清晨揭苫后放风15～

20 min，再关闭风口提温。

③春季管理。随着温度的提升，光照的增强，植株生长量的加大，作物对水肥的需求逐渐增强，浇水追肥频率要逐渐增加，在3月中旬至5月中旬期间，一般10～7 d灌溉1次，每次亩用水量20 m³，结合浇水追施高钾冲施肥15 kg/亩，滴灌同。

④夏季管理。5月下旬以后，灌溉方式调整为小水勤浇，既能满足作物生长对水分的需求，又可起到降低地温的作用，一般5～7 d灌溉1次，每次亩用水量10～15 m³，结合浇水追施高钾冲施肥10 kg/亩，滴灌同上。

（4）二氧化碳施肥。二氧化碳是植物进行光合作用必需的物质，大量的研究表明，保护地内补充二氧化碳加速了作物的生长和发育，使作物熟性提前、产量增加，在黄瓜生产中，一般每形成1 kg黄瓜产品约需二氧化碳50 g，而大气中二氧化碳的浓度一般为330 mg/m³，远远不能满足黄瓜生长发育的需要，所以，在生产期间一定要注重补充二氧化碳，使棚内二氧化碳浓度达到800～1 000 mg/m³的理想状态。

目前常用的是吊袋式二氧化碳施肥法：每亩地悬挂20袋，35 d左右更换1次，首先将一大袋二氧化碳发生剂沿虚线处剪开，然后将一小袋促进剂倒入并将两者混匀，将混合好的二氧化碳气肥大袋放入带气孔的专用吊袋中，不要堵死出气孔，再将上述吊袋东西

图82　二氧化碳施肥

方向按"之"字形悬挂在温室大棚中的骨架上，位于植株生长点上方。

（5）土壤管理。土壤管理的重点是中耕松土，中耕松土是黄瓜高产栽培中重要的一项农艺措施，既可保持地表疏松干燥，降低空气相对湿度，减少病害的发生，又可避免土壤板结，改善土壤的理化性状，增加土壤的透气性，促进根系的生长。一般要求在缓苗期和蹲苗期各中耕松土1～2次，其后最好每次浇水追肥之后均中耕松土1次，3月上旬，于大行间深中耕1次，结合中耕亩施入商品膨化鸡粪800～1 000 kg/亩。

（6）采收管理。

①采收技术。黄瓜属于食用幼嫩果实的蔬菜，采收时若瓜条过小会影响产量，如果采收过晚则瓜条果皮开始硬化，品质下降，同时也会影响植株和其他瓜条的生长，俗称"坠秧"。在适宜条件下，雌花从开放到采收，需8~10 d，采瓜时间以清晨为宜，这时的黄瓜通过夜间的光合产物转化和运输，质脆味浓，同时含水量较为充足，商品性好。最好用剪刀来采收，将瓜柄紧贴着植株剪断，瓜条上保留瓜柄1.5~2 cm。

图83　采收管理

81

②黄瓜套袋技术。套袋是国内黄瓜高产优质栽培的一项新技术，黄瓜专用保护袋采用食品级聚乙烯或聚酯薄膜材质制成，长圆筒状，上有通气孔，黄瓜套袋可促进增产、提高商品率、促进早熟，同时还能一定程度上隔离杀虫杀菌剂对产品的污染，并且可提高耐贮运的特性，减少运输过程中的机械损伤。

首先要选择适宜的套袋规格，根据栽培黄瓜品种的瓜条长度和直径选择尺寸适合的保护袋；其次要把握套袋时机，套袋过早，由于果柄幼嫩容易受损而影响后期果实的生长，套袋过晚，由于果实过大而增加了套袋难度，一般选择在花期约 4 d、幼瓜长 7 ~ 10 cm 时套袋，套袋时务必把雌花摘掉；再有就是要适时采收，套袋蔬菜以果实完全充满后带袋采收，以防保护袋涨破。

③短期贮存。为了获得较好的销售收入，可在元旦、春节等节日前进行短期贮存，在节前再集中上市，可获得较好地的差价，取得较好的效益。

（7）植株调整。黄瓜属藤蔓性植物，自身不能直立生长，因此要插架或吊蔓栽培；同时由于该茬口黄瓜生育期长、生长量大，株高可达到 10 m 以上，鉴于日光温室的空间所限，要进行植株调整落秧管理。

①吊蔓栽培。采用落蔓夹或落蔓器进行尼龙绳吊蔓栽培。

②落秧时间。落秧时选择晴天下午进行，这段时

间植株韧性较好，以防造成植株损伤。

③落秧高度。每次落秧不要落秧过低，落蔓后保持植株高度在1.7 m左右，维持功能叶片为15～17片，落秧时应南侧稍低，北侧稍高，形成梯度，有利于植株接受阳光。

④整枝打杈。在落秧的同时或落秧之前，将植株基部的老叶、病叶以及枝杈、畸形瓜等摘除。

⑤落秧后管理。落蔓后，需要适当地提高棚温，以促进受伤茎蔓伤口愈合，促进植株正常的生长，同时喷施药剂以防病菌从受伤的茎蔓侵入，需及时喷施一些杀菌剂。

图84　植株调整（一）

图85　植株调整（二）

（8）病虫害防治。温室越冬茬黄瓜的主要病虫害有霜霉病、灰霉病、白粉病等，虫害有蚜虫、粉虱、蓟马等，在病虫害防控管理中，要贯彻"预防为主，综合防治"的植保方针。创造一个适合作物生长、不利于病虫发生的良好生态环境。优先采用生物防治技术，加强农用抗生素、微生物杀虫杀菌剂的开发利用，保护、利用各种天敌昆虫，在必要时可进行化学药剂防治，但由于冬天棚室内温度低、湿度大，最好采用烟雾剂或粉尘剂进行病虫害防治。

第七部分
病虫虽多不用怕，多项措施防控它

　　黄瓜常发的主要病害有霜霉病、灰霉病、白粉病、细菌性角斑病、枯萎病等，虫害有蚜虫、粉虱、斑潜蝇等，在防治上要采用"预防为主、综合防治"植保方针，以农业防治为基础，协调运用生物防治、物理及生化诱杀和科学用药等技术，有效防控病虫害的发生。

　　一、农业防控技术

　　1.农业防治七条箴言　品种注重抗病性、洗个澡儿真干净、基质育苗健又壮、嫁接栽培病害轻、清洁田园病虫少、合理轮作很重要、田间管理要配套。

　　2.农业防控技术

　　①选择抗病品种。病害始终是造成蔬菜减产的主要原因之一，选用抗病品种是丰产、稳产以及降低生产成本和减少农药等对产品和环境污染的重要途径，生产者在选择品种时应注意选择抗当地主要蔬菜病害的优新品种。北京地区常用的品种有中农12号、中农

16、中农26号、津优35号、津优36号、津春4号、北京203、北京204、戴安娜、戴多星等。

②种子消毒。常用的消毒方法有温汤浸种、药液浸种、药剂拌种、干热处理等，可有效消灭种子上携带的病菌。目前常用温汤浸种，即用种子体积4～5倍的55℃温水，恒温浸种15 min（期间不停搅拌），待水温降至30℃，继续浸泡4～6 h，再于28～30℃条件下催芽。

③嫁接换根。嫁接换根可以利用砧木发达的根系，促进养分与水分的吸收，增强黄瓜的抗性，有效预防各种病虫害的发生。

④培育健壮幼苗。采用无病苗土或无土基质育苗。

⑤清洁田园。上茬蔬菜收获后，很多病菌附在蔬菜作物残枝上散落田间，成为后茬蔬菜的浸染源。因此，在每季蔬菜收获后，要彻底清除田间的残株败叶，对易感根系病害的蔬菜还要清除残根。

⑥耕翻整地。选用排灌方便的田块，上茬收获后耕翻整地，可以改变土壤环境，借助自然条件，如高温、低温、太阳紫外线等，杀死部分土传病菌，一般要求收获后深耕35～40 cm。

⑦合理轮作。合理轮作不仅能提高作物本身的抗逆能力，而且能够使潜藏在地里的病源物经过一定期限后大量减少或丧失侵染能力。黄瓜忌连作，应与非葫芦科作物实行3年以上的轮作，黄瓜与番茄相互抑

制，不宜轮作和间作套种。

⑧高畦栽培。高畦栽培较好，有利于排水，提高土温，减少病害的发生，一般畦高15～20 cm。

⑨加强田间管理。科学施肥，应以充分腐熟的有机肥为主，平衡施用磷钾肥及微肥，提高土壤肥力，灌溉排水，适度整枝打杈，注意要有合理的密度，保持土壤见干见湿，加强通风透光。

二、生物防控技术

1.增施生物菌肥　生物菌肥属微生物肥料，既具有有机肥的长效性，又具有化肥的速效性，具有固氮、解磷、解钾作用，由于生物菌的活动，可活化土壤，有利于保持生态平衡。

2.保护天敌　保护利用瓢虫、草蛉、蜘蛛、捕食螨等自然天敌。

3.生物农药　常见的生物防治药剂主要包括：苏云金杆菌（Bt）制剂、阿维菌素（虫螨克）、多杀霉素（菜喜）防治小菜蛾、菜青虫、斑潜蝇等，核型多角体病毒、颗粒体病毒防治菜青虫、斜纹夜蛾、甜菜夜蛾等，农用链霉素、新植霉素防治软腐病、角斑病等细菌性病害。

4.植物农药　应用一些植物源农药进行防治，如鱼藤、天然除虫菊、巴豆、苦参、苦楝、川楝、烟碱等防治菜青虫、蚜虫、粉虱等害虫。

三、物理防控技术

物理防治是一种投入少、成本低、简单易行的有效方法，采用物理的方法消灭害虫或改变其物理环境，创造一种对害虫有害或阻隔其侵入的一种病虫害防控技术，如地膜覆盖栽培防杂草，灯光诱杀斜纹夜蛾、小菜蛾等害虫的成虫，蓝板诱杀蓟马，黄板诱杀蚜虫、白粉虱、斑潜蝇等，银灰色膜驱避蚜虫，防虫网阻隔小型害虫以及用糖醋液或性诱剂诱杀。

四、化学防控技术

化学防治又叫农药防治，是利用化学药剂的毒性来防治病虫害。化学防治是植物保护最常用的方法，也是综合防治中的一项重要措施。它具有防治效果好、收效快、使用方便、受季节性限制较小、适宜于大面积使用等优点，但是长期使用易产生药害，尤其是长期施用一种药物能使病、虫产生抗药性，污染环境，杀伤天敌，同时会影响产品的质量安全。因此在应用化学农药进行病虫害防治时，要遵循以下几项基本原则：

1.对症选药 在明确防治对象的基础上，选用高效、低毒、低残留的农药品种(包括生物农药和昆虫生长调节剂类杀虫剂)和剂型。各种药剂要交替、轮换使用，防止单一使用一种农药，避免病虫产生抗药性，严禁使用高毒、高残留农药。

2.科学配药 按照农药安全使用说明书用药，不得随意增减，配药时要使用计量器具，根据农药毒性及病虫害的发生情况，结合气候情况，严格掌握药量和配制浓度，防止出现药害和伤害天敌的情况。

3.适时用药 黄瓜生长前期以高效低毒的化学农药和生物农药混用或交替使用为主，生长后期以生物农药为主，根据天气变化、病虫害发生规律、病害和虫害的变化科学施药。一是要早，设施栽培病虫害发生早，蔓延速度快，应以预防为主，发现中心病、虫株立即施药，将病、虫消灭在传播之前；二是要巧，农药的使用受天气影响较大，一般选择晴天16:00后至傍晚施药，避免在高温（30℃以上）天气施药，阴雨天气不宜用药。

4.细致喷药 在喷药时，要选用雾化程度高的施药器械，喷洒时做到细致，确保喷药效果。应确保作物叶片正反两面、植株内外上下都要喷匀喷透，防止漏喷。

5.安全用药 严格遵守农药安全间隔期，《农药安全使用标准》规定了各种农药的安全间隔期，最后1次喷药与收获之间的时间必须大于安全间隔期。

北京地区设施黄瓜生产主要茬口安排

作物种类	设施类型	茬口安排		播种期	定植期	采收期
黄瓜	日光温室	越冬茬		9月下旬至10月初	10月下旬至11月初	12月上旬至7月下旬
		秋延后		8月底	9月下旬	11月初至1月中旬
		春提前		1月上旬	2月中旬	3月中旬至7月上旬
	塑料大棚	春提前	多重覆盖	1月中旬至2月上旬	3月上旬至3月中旬	4月上旬至7月中旬
			常规生产	2月上旬至2月中旬	3月下旬至4月初	4月底至7月中旬
		夏秋茬		5月中旬	6月中旬	7月中旬至11月初
		秋延后	直播	7月下旬	—	9月上旬至11月初
			育苗	6月下旬至7月初	7月下旬	8月底至11月初

附录二
蔬菜生产禁用与限用农药

全面禁止使用的33种农药

甲胺磷	甲基对硫磷	对硫磷	久效磷	磷胺
六六六	滴滴涕	毒杀芬	二溴氯丙烷	杀虫脒
二溴乙烷	除草醚	艾氏剂	狄氏剂	汞制剂
砷类	铅类	敌枯双	氟乙酰胺	甘氟
毒鼠强	氟乙酸钠	毒鼠硅	苯线磷	地虫硫磷
甲基硫环磷	磷化钙	磷化镁	磷化锌	硫线磷
蝇毒磷	治螟磷	特丁硫磷		

部分禁止使用的17种农药

中文通用名	禁止使用的作物
甲拌磷	蔬菜、果树、茶树、中草药
甲基异柳磷	蔬菜、果树、茶树、中草药
内吸磷	蔬菜、果树、茶树、中草药
克百威	蔬菜、果树、茶树、中草药
涕灭威	蔬菜、果树、茶树、中草药
灭线磷	蔬菜、果树、茶树、中草药
硫环磷	蔬菜、果树、茶树、中草药
氯唑磷	蔬菜、果树、茶树、中草药

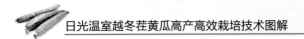

（续）

中文通用名	禁止使用的作物
三氯杀螨醇	茶树
氰戊菊酯	茶树
氧乐果	甘蓝、柑橘树
丁酰肼	花生
氟虫腈	除卫生用、玉米等部分旱田种子包衣剂外
水胺硫磷	柑橘树
灭多威	柑橘树、苹果树、茶树、十字花科蔬菜
硫丹	苹果树、茶树
溴甲烷	草莓、黄瓜

《农药管理条例》规定：剧毒、高毒农药不得用于蔬菜、瓜果、茶叶和中草药材。

附录三

黄瓜栽培三字经

黄瓜者、性喜温，冬春种、要防寒，最适温、二十五，
三十五、则中暑，低于十、难坚持；
地温者、影响根，温不够、根不伸，十二度、才发根，
二十三、长地欢，三十五、根停住；
选品种、很重要，抗逆强、品质好，用砧木、要认真，
长势强、脱蜡粉，抗病害、耐低温；
育壮苗、是关键，多大好、叶四片，苗龄数、不一般，
越冬茬、三十五，春提前、五十天；
有机肥、是个宝，施用前、腐熟好，亩用量、要知道，
越冬茬、二十五，春大棚、十立方；
瓦垄畦、利操作，膜下灌、好处多，节水肥、不用说，
提地温、促生长，降湿度、防病害；
定植水、要浇足，栽苗后、提温度，上限值、三十五，
勤中耕、促根生，历一周、苗成活；
缓苗后、即蹲苗，根瓜把、已变黑，视墒情、始水肥，
配方肥、随水冲，营养全、又省工；
采收期、加强管，小水浇、忌漫灌，氮磷钾、不能短，

93

亩用量、有差异，看季节、看天气；

冬春季、两星期，冲施肥、高溶度，千克数、一十五，
夏秋季、五六天，水冲肥、清浊间；

落蔓夹、真方便，吊绳栽、落茎蔓，功能叶、十六片，
畸形瓜、疏掉它，保安全、不沾花；

防虫网、害虫隔，蓝板挂、诱蓟马，黄板悬、蚜虫粘，
病害多、不要怕，按规律、防治它；

温度高、湿度大，霜霉病、容易发，温度高、湿度小，
白粉病、上来了；

湿度大、温度低，灰霉病、数第一，防病虫、少用药，
创高产、多增效。

图书在版编目（CIP）数据

日光温室越冬茬黄瓜高产高效栽培技术图解/王铁臣主编．—北京：中国农业出版社，2017.2（2019.7重印）

ISBN 978-7-109-21948-9

Ⅰ.①日…　Ⅱ.①王…　Ⅲ.①黄瓜－温室栽培－图解Ⅳ.①S626.5-64

中国版本图书馆CIP数据核字（2016）第175857号

中国农业出版社出版

（北京市朝阳区麦子店街18号楼）

（邮政编码 100125）

策划编辑　李　夷

文字编辑　李　晓

中农印务有限公司印刷　　新华书店北京发行所发行

2017年2月第1版　　2019年7月北京第2次印刷

开本：787 mm×1092 mm 1/32　　印张：3.25

字数：56千字

定价：15.00元

（凡本版图书出现印刷、装订错误，请向出版社发行部调换）